Вадим Макаренко

Теоретические и практические аспекты развития регионального туризма

AF153515

Вадим Макаренко

Теоретические и практические аспекты развития регионального туризма

LAP LAMBERT Academic Publishing

Impressum / **Выходные данные**

Bibliografische Information der Deutschen Nationalbibliothek: Die Deutsche Nationalbibliothek verzeichnet diese Publikation in der Deutschen Nationalbibliografie; detaillierte bibliografische Daten sind im Internet über http://dnb.d-nb.de abrufbar.
Alle in diesem Buch genannten Marken und Produktnamen unterliegen warenzeichen-, marken- oder patentrechtlichem Schutz bzw. sind Warenzeichen oder eingetragene Warenzeichen der jeweiligen Inhaber. Die Wiedergabe von Marken, Produktnamen, Gebrauchsnamen, Handelsnamen, Warenbezeichnungen u.s.w. in diesem Werk berechtigt auch ohne besondere Kennzeichnung nicht zu der Annahme, dass solche Namen im Sinne der Warenzeichen- und Markenschutzgesetzgebung als frei zu betrachten wären und daher von jedermann benutzt werden dürften.

Библиографическая информация, изданная Немецкой Национальной Библиотекой. Немецкая Национальная Библиотека включает данную публикацию в Немецкий Книжный Каталог; с подробными библиографическими данными можно ознакомиться в Интернете по адресу http://dnb.d-nb.de.
Любые названия марок и брендов, упомянутые в этой книге, принадлежат торговой марке, бренду или запатентованы и являются брендами соответствующих правообладателей. Использование названий брендов, названий товаров, торговых марок, описаний товаров, общих имён, и т.д. даже без точного упоминания в этой работе не является основанием того, что данные названия можно считать незарегистрированными под каким-либо брендом и не защищены законом о брендах и их можно использовать всем без ограничений.

Coverbild / Изображение на обложке предоставлено: www.ingimage.com

Verlag / Издатель:
LAP LAMBERT Academic Publishing
ist ein Imprint der / является торговой маркой
OmniScriptum GmbH & Co. KG
Heinrich-Böcking-Str. 6-8, 66121 Saarbrücken, Deutschland / Германия
Email / электронная почта: info@lap-publishing.com

Herstellung: siehe letzte Seite /
Напечатано: см. последнюю страницу
ISBN: 978-3-659-56225-9

Содержание

Введение

В настоящее время туризм является одним из наиболее динамично развивающихся секторов мировой экономики, дающим значительное количество рабочих мест и привлекающим большое количество активных амбициозных молодых людей. Туристкий сектор давно является основной отраслью специализации многих регионов мира, привлекая значительные финансовые средства в их экономику и способствуя росту регионального ВВП.

При этом, важно рассматривать туризм в системной взаимосвязи с другими отраслями экономики, а также с учетом особенностей развития регионов. Социальные, политические, экономические, демографические, социокультурные факторы непосредственно влияют на отрасль и, одновременно, сами подвергаются воздействию со стороны различных аспектов туризма (въездного, выездного и внутреннего).

Поэтому, приоритетным при анализе степени развития туризма в регионах и определении вектора его дальнейшего развития представляется учет географических особенностей территории.

Статьи, вошедшие в данную монографию были опубликованы автором в центральных и региональных изданиях в период с 2007 по 2014 гг и отражают основные аспекты исследований регионального туризма (в первую очередь, на материалах Ростовской области), проведенных в обозначенный период.

Глава 1. Особенности развития регионального туризма в России

1.1. Приоритетные направления развития туризма в Ростовской области

Вопросы, связанные с развитием туризма в регионах Российской Федерации особенно актуальны в последние годы. Причиной внимания к подобным вопросам является осознание того факта, что туризм способен стать «катализатором» развития отдельных регионов мезоуровня, а также одной из составляющих пополнения регионального бюджета.

Каждый из регионов России по-своему уникален. Обладая собственным сочетанием туристских ресурсов, объектами туристской инфраструктуры, каждый субъект Российской Федерации делает акцент на развитие определенных видов туризма, способных активизировать въездной туризм на данной территории. При этом необходимо отметить, что любая территория обладает определенным потенциалом для развития туризма (даже регионы с экстремальными для жизни человека природными условиями, в частности, полярные области России привлекают к себе любителей экстремальных видов туризма), а реализация подобного потенциала во многом зависит от «имиджа» региона как туристского центра и разнообразия предлагаемых туристских услуг.

Проблемы развития туризма в Ростовской области привлекли повышенное внимание региональной администрации несколько лет назад, что отразилось в разработке областной целевой программы ««Развитие туризма в Ростовской области» на 2008-2010 годы и областной долгосрочной целевой программы развития туризма Ростовской области на 2011-2013 годы. Поэтому представляется необходимым при анализе и оценке современного состояния и перспектив развития туризма в области ориентироваться на материал упомянутых программ.

Основной целью программы обозначено формирование конкурентоспособной туристской индустрии, способствующей социальноэкономическому развитию области и обеспечивающей широкие возможности для удовлетворения потребностей российских и иностранных граждан в туристских услугах.

При разработке первой из обозначенных программ были определены основные направления развития туризма в области. Ими являются:

- развитие въездного и внутреннего туризма;

- реализация инвестиционных проектов по созданию новых объектов туристской индустрии;

- формирование новых экскурсионно-туристских программ и маршрутов на территории Ростовской области

Помимо направлений, отражены основные перспективные виды туризма в области:

- познавательный (историко-культурный) туризм;
- водный туризм;
- экологический туризм природоохранной направленности;
- сельский, этнографический, событийный туризм;
- конгрессный туризм;
- археологический туризм;
- социальный туризм [8].

Заметно, что набор перспективных видов туризма Ростовской области довольно разнообразен. Тем не менее, в реальности Ростовская область ассоциируется в первую очередь с познавательным туризмом (где огромная роль принадлежит Музею-заповеднику им. М.А. Шолохова, расположенному в Шолоховском и Боковском районах области, а также г. Таганрогу – родине А.П. Чехова) в сочетании с событийным (можно отметить ежегодный фестиваль «Шолоховская весна»). Центр области – г.Ростов-на-Дону в последние годы активно развивает деловой туризм.

К сожалению, значительная часть территории области (в первую очередь, сельские административные районы) не способна в настоящее время активно развивать въездной туризм в силу ряда обстоятельств, определяющим из которых является слабое развитие туристской инфраструктуры.

Туристская инфраструктура – неотъемлемая составляющая развития индустрии туризма в любом регионе. Для полноценной реализации туристского потенциала любой территории помимо разработки маршрутов и туров необходимо развитие транспортных магистралей, наличие гостиниц и сетей общественного питания, способных качественно обслужить достаточное количество туристов с разными запросами.

В настоящее время территорию Ростовской области по уровню развития инфраструктуры можно разделить на три региона. Первый включает в себя центр области – г. Ростов-на-Дону. Город не зря называют «воротами Северного Кавказа». Здесь развиты практически все основные виды транспорта, связывающие город с большинством регионов России и со многими странами мира.

Город располагает международным аэропортом. Аэропорт соответствует требованиям 1-й категории Международной организации гражданской авиации и способен принять практически все тип воздушных судов, выполняющих перевозки на внутрироссийских и международных линиях.

В Ростове-на-Дону также на должном уровне развит железнодорожный транспорт, автомобильный и речной (город является крупным речным портом). По железной дороге можно добраться в большую часть регионов России, а регулярное автобусное движение связывает центр области с близлежащими территориями.

Гостиничная сеть города также довольно развита. Представлены гостиницы разных ценовых категорий, способные удовлетворить различные сегменты клиентов. Крупнейшие гостиницы города – «Рэддисон САС Дон», Конгресс-Отель «Don-Plaza»(бывший Интурист), Amaks конгресс-отель, ВертолОтель, гостиница «Ростов» и др. В Ростове-на-Дону широко развита сеть общественного питания, способная удовлетворить любителей разнообразной кухни.

Второй регион составляют города юго-запада и запада области. Это города Ростовской агломерации (Батайск, Азов, Новочеркасск, Аксай), г. Таганрог и города, располагающиеся на территории Восточного Донбасса – Шахты, Гуково, Белая Калитва, Каменск-Шахтинский, Зверево и др. В указанных городах туристкая инфраструктура находится на достаточно высоком уровне развития, но не так универсально развита, как в г. Ростове-на-Дону.

Транспортная доступность данного региона изначально довольно хорошая, благодаря расположению вдоль железнодорожной магистрали и регулярной транспортной связью с центром области. Гостиничная сеть и сеть общественного питания также развиты на среднем уровне, зачастую количество гостиничных мест ограничено и не рассчитано на разнообразные сегменты клиентов.

Третий регион охватывает большую часть Ростовской области. Сюда входят сельские регионы и небольшие города – Пролетарск, Зерноград и т.д. Для подобных территорий характерен крайне низкий уровень развития туристской инфраструктуры. Слаборазвитая гостиничная сеть, средний уровень транспортной доступности, а также неразвитая сеть общественного питания являются сдерживающим фактором развития въездного туризма в подобных регионах.

Приоритетные направления развития туристской инфраструктуры области должны быть в первую очередь направлены на развитие въездного туризма в различных ее регионах. Но также нельзя не учитывать приближающиеся спортивные события мирового масштаба, ожидающие Россию – зимние Олимпийские и Паралимпийские игры в Сочи в 2014 году и чемпионат мира по футболу в 2018 году, одним из потенциальных городов проведения которого является Ростов-на-Дону.

В рамках этих событий ожидается приток туристов с различных регионов мира. В связи с этим необходимо развивать все основные элементы туристкой инфраструктуры с учетом международных стандартов, в том числе и по качеству обслуживания.

Некоторые действия по данным направлениям уже предпринимаются. Так скоро начнется реализация проекта «Южный хаб» – строительства на Дону перспективного аэропортового комплекса, в качестве местоположения которого определена площадка у станицы Грушевская в Аксайском районе области, между Ростовом-на-Дону и Новочеркасском вдоль федеральной трассы М 4 «Дон». Строительство нового аэропорта планируется осуществить в 2013-2015 годах.

Полноценное развитие туристской инфраструктуры, под которым понимается комплексное развитие транспортной, гостиничной сетей и сети общественного питания способно превратить Ростовскую область в один из центров въездного туризма регионального уровня.

Одновременно с развитием инфраструктуры необходимо внедрение новых направлений развития туризма на Дону. Одним из подобных направлений представляется экологический туризм.

Можно сказать, что любой вид туризма должен быть «экологичен» ибо подразумевает не только знакомство (и совместное фото) с достопримечательностями региона, но и бережное отношение к ним, сохранение их для будущих поколений. Гармоничное сосуществование объектов туризма и туристов должно стать аксиомой.

В то же время, собственно экологический туризм способен придать импульс развития регионам находящимся в отдалении от крупных городов и за счет этого сохранивших привлекательность для туристов, желающих отдохнуть в комфортных природных условиях.

Действительно, именно экологический туризм представляется составляющей досуга и отдыха культурного человека. В современном динамичном мире, оставляющем минимум времени на природно-ориентированный отдых, особенно жителям высоко-урбанизированных территорий. И наличие экологических троп, маршрутов, профессионально разработанных и обустроенных, будет большим плюсом для любого региона и его жителей.

Стоит отметить недостаток природно-ориентированных маршрутов на территории области. Потребность в таких маршрутах и объектах экологического туризма представляется несомненной, особенно для жителей юго-запада области, так называемой Ростовской агломерации.

В настоящее время эта проблема находится на начальной стадии своего решения. Основные экологические маршруты области связываются с Ростовским заповедником, находящимся на территории Орловского и Ремонтненского районов.

Этот уникальный природный уголок на юго-востоке области несомненно является достоянием донского края. Обладая уникальным сочетанием природных ландшафтов, флоры и фауны, заповедник давно привлекает к себе внимание сторонников развития экологического туризма и присутствует в различных презентациях, посвященных данной тематике (в частности, на презентации туристической программы развития экоресурсов Ростовской области в апреле 2008 года).

В то же время не следует ограничивать развитие экологического туризма в области лишь заповедной территорией. В частности, экологические туристские маршруты также могут пролегать по восточной и северной территории области, где представляется возможным организация так называемых «туров выходного дня».

Таким образом, можно отметить, что Ростовская область обладает достаточным туристским потенциалом для удовлетворения внутренних потребностей в природно-ориентированном туризме. Однако механизм реализации экологического туризма не разработан на должном уровне. Поэтому необходимо провести:

- выработку концепции развития экологического туризма;
- разработку конкретных мер для достижения поставленных целей;

- оценку районов области на предмет развития природно-ориентированного туризма;

- административное регулирование туристской деятельности.

Ограниченность возможностей для развития природно-ориентированного туризма в Ростовской области требует специального подхода к проблемам его реализации. Достижение одной из целей программы развития туризма Ростовской области – вывести область на качественно новый, соответствующий современным потребностям населения уровень развития туристской инфраструктуры и предоставления туристских услуг подразумевает также сбалансированный подход к основным видам туризма, в частности к экологическому.

1.2 Региональные аспекты реализации программы развития туризма в Ростовской области

В настоящее время туризм в Ростовской области приобрел свои специфические черты. С одной стороны четко обозначились основные направления и регионы развития туризма в области, такие как познавательный туризм (основные регионы развития данного вида туризма – юго-восток и север области), этнографический, спортивный, имеется потенциал для развития экологического туризма.

Тем не менее, одновременно, можно отметить слабую туристскую освоенность крупных регионов Ростовской области, расположенных на востоке и юго-востоке, а также в центральной ее части. Основными причинами зачаточного развития туризма в этих регионах являются не только их низкий туристкий потенциал, но и слабое развитие инфраструктуры (гостиниц, сетей общественного питания и т.д.).

В опубликованной в 2010 году статье автор анализировал основные виды и направления развития туризма в области, заложенные в программе развития туризма в Ростовской области. В частности, отмечались следующие виды:

- развитие въездного и внутреннего туризма;
- реализация инвестиционных проектов по созданию новых объектов туристской индустрии;
- формирование новых экскурсионно-туристских программ и маршрутов на территории Ростовской области.

Помимо направлений, отражены основные перспективные виды туризма в области:

- познавательный (историко-культурный) туризм;
- водный туризм;
- экологический туризм природоохранной направленности;
- сельский, этнографический, событийный туризм;
- конгрессный туризм;

- археологический туризм;
- социальный туризм [5].

Для анализа перспектив реализации вышеобозначенных направлений в пределах регионов Ростовской области был выбран «ключевым» один из районов – Боковский. Данный район располагается на севере области. Характерной чертой географического положения района является его соседство с Шолоховским районом, являющимся, благодаря своему природному и культурному потенциалу (в частности, своему самому знаменитому уроженцу – писателю М.А. Шолохову) одним из центров въездного туризма Ростовской области.

Боковский район обладает определенным природным и культурно-историческим потенциалом для развития туризма. Данная территория слабоурбанизирована и располагается вдали от крупных городов и агломераций области. Как следствие, антропогенная нагрузка на окружающую среду одна из самых незначительных в области. Это может способствовать реализации экологического туризма в области, разработке пешеходных и велосипедных маршрутов для любителей отдыха на природе.

Природа местности разнообразна и богата. Северная часть района является границей степной и лесостепной зон. В Боковском районе известно три участка тюльпанной степи – в окрестностях ст. Каргинской, х. Яблоновского, х. Грачи. Здесь произрастают и другие редкие виды растений – ирис карликовый, прострел поникающий, бельвалия сарматская и др. Вблизи ст. Каргинской находится также геологический памятник природы «Песчаный курган».

Дополнительным фактором потенциального развития туризма является наличие в районе крупных рек – Дона и Чира. Междуречье Дона и Чира – уникальный регион своеобразного перехода лесостепи в степь, где на небольшой территории представлен чрезвычайно широкий спектр различных типов растительности. Здесь представлены пойменные леса, аренные сосняки, березово-ольховые колки, заливные луга, песчаные и разнотравно-злаковые в верховьях, в низовьях разнотравно-типчакову-ковыльного подтипа юго-восточной степи Европейской части России. Среди видов растительности есть реликтовые представители, большинство из которых внесены в международную и российскую Красные книги. Например, большая популяция редкого тюльпана Шренка произрастает на участке целинной разнотравно-типчаково-ковыльной степи, получившей название «Лазоревая степь».

Кроме уникальной природы данные реки могут привлекать любителей рыбалки. Представляется возможным разработка комплексных 2-3 дневных туров (так называемых «туров выходного дня»), включающих себя сочетание нескольких видов туризма (например, пешеходных маршрутов и спортивной рыбалки).

Боковский район также обладает определенным культурно-историческим потенциалом для развития туризма.

В административном центре района находится краеведческий музей. Организация музея началась в еще 1976 г. В нынешнее здание музей переехал в 1982 г.

По экспозиции музея можно проследить некоторые периоды истории Донского казачества Боковского района: природу края, быт и нравы в прошлом и настоящем, сельскохозяйственные орудия труда казаков, предметы домашнео обихода, одежду. Представлена экспозиция, посвященная М.А.Шолохову.

Специальный зал рассказывает об экспедиции Ф.Подтелкова и М.Кривошлыкова в 1918 г. (М.В.Кривошлыков – уроженец Боковского района), об образовании первых школ, изб-читален, клуба в станице.

Отдельный зал посвящен Великой Отечественной войне. Через территорию района немецко-фашистские захватчики рвались к Сталинграду. Это обусловило жестокость и кровопролитность боев, которые шли на Боковской земле в декабре 1942г. За освобождение района четыре человека были удостоены высшей награды Родины – звания Героя Советского Союза. Об этих людях и о боковчанах в годы войны рассказывают экспонаты тех времен, фотографии, письма и документы.

Всего в Боковском музее собрано около 3000 экспонатов. Среди них предметы этнографии, прикладного искусства казаков, старинные монеты и медали, оружие, предметы сельскохозяйственной деятельности, мемориальные письма, документы, фотографии.

С 1986 года действует мемориально-бытовая экспозиция дома-музея М.А. Шолохова в станице Каргинской, где были написаны «Донские рассказы». Основные задачи её – передать дух времени 20-х годов прошлого столетия, воссоздать обстановку, в которой начиналось творчество М.А. Шолохова. Тремя годами позже открыта экспозиция местного приходского училища, в котором с 1912 по 1914 год учился М. Шолохов.

В ст. Каргинской находится интереснейший комплекс построек казака Т.А. Каргина, имевшего знаменитую на всю округу мельницу. Тут планируется создание действующего производства хлебной сувенирной продукции. Здание бывшего кинотеатра «Идеал» будет приспособлено под театрально-концертные цели.

Подворье казака Т.А. Каргина было построено в 1905 году, теперь оно входит в состав Каргинского мемориально-исторического комплекса Государственного музея-заповедника М.А. Шолохова. Это памятник архитектуры Верхнего Дона, пример рачительного хозяйствования предприимчивых казаков.

Вызывает особый интерес у посетителей своей необычной архитектурной формой само здание мельницы, многие экскурсанты изъявляют желание посмотреть её не только снаружи, но и изнутри. В настоящее время там находится оборудование, установленное в начале 1980-х годов.

В целом, несмотря на конкуренцию со стороны соседнего Шолоховского района, Боковский район вполне способен реализовать имеющийся туристский потенциал. Для этого необходимо развитие соответствующей инфраструктуры, а также разнообразных маршрутов по территории района (пешеходных, велосипедных, конных и т.д.)

Инвестиции в создание туристической инфраструктуры Боковского района позволят обеспечить поступление значительных средств в местные бюджет. Развитие сферы обслуживания на базе туристических предложений области будет способствовать повышению занятости населения и развитию сопряженных отраслей (строительство, производство сувениров, сельское хозяйство и пищевая переработка).

Потенциальные туры выходного дня способны помочь местным жителям познакомиться с историей района, привлечь туристов из других районов Ростовской области, а при вовлечении в проект «Серебряная подкова Дона» и туристов из-за пределов области и страны.

1.3 Экономические аспекты развития туризма в Ростовской области

Являясь одной из отраслей экономики, индустрия туризма несомненно, подвержена влиянию современных экономических тенденций макро- и мезоуровня. При этом туристская отрасль в своем развитии также влияет на экономическое развитие региона.

Развитие регионального туризма во многих регионах России нуждается в экономико-финансовом и организационном обеспечении. Поиск путей экономико-финансового обеспечения развития регионального туризма, по нашему мнению, должен учитывать прежде всего стратегию его развития и ресурсный потенциал. При этом подразумевается разработка стратегий эффективного создания, продвижения и реализации регионального туристского продукта.

Особенно важную роль играет региональная экономика туризма в научном обеспечении экономических преобразований, создании единого экономического пространства при рационализации межрегиональных связей, формировании региональных рынков. Содержание региональной экономики туризма способствует выработке рациональной, научно обоснованной региональной политики и стратегии.

Инвестиционные вложения являются своеобразным «катализатором» развития тех или иных отраслей хозяйства. Проблема привлечения инвестиций в «точки роста» того или иного региона – одна из ключевых проблем региональной политики.

Качество региона как производителя туристских услуг должно измеряться по тому, насколько хорошо этот регион может приспособить свои услуги под потребности заказчиков. Если какому-то региону удастся установить на рынке достаточные цены за свои продукты, то этот регион может накопить достаточно ценностей, чтобы хорошо оплатить работу всех участников производственного процесса, а также оградить от внешних эффектов производства и потребления туристских услуг всех лиц, занятых в этом процессе (например, население, которое не ощущает на себе никаких экономических эффектов, но страдает от увеличения транспортного движения туристов). Способность получить от рынка достаточное накопление ценностей можно обозначить как конкурентоспособность региона.

Региональный туристский потребительский спрос касается не только одного товара, а целого комплекса товаров и услуг; он массовый и охватывает широкие слои населения. Соответственно, предложение также относится к целому комплексу товаров и услуг, производимых различными отраслями, что определяет туризм как диверсифицированный межотраслевой комплекс .

Региональное туристское потребление отличается мобильностью, оно связано с перемещением потребительских расходов на место временного пребывания туриста. Это предполагает концентрацию в туристском районе необходимых товаров и услуг, денежных, в том числе валютных, потоков.

Величина туристских ресурсов, уровень развития индустрии туризма и спрос на туристский продукт могут находиться в различных сочетаниях между собой, каждое из которых будет соответствовать определенным перспективам туристского роста в регионе.

Экономические факторы уже давно признаются одними из важнейших в развитии туристской отрасли региона. Это корректно и для Ростовской области.

Быстрое усиление финансово-экономических позиций туристической отрасли привело к тому, что во многих странах мира туризм стал существенным фактором регионального развития. Органы территориального управления различных иерархических уровней, от графств и районов до федеральных властей, заботятся о развитии туризма и местностей, обладающих ценными рекреационными ресурсами. Туризм рассматривается как катализатор региональной экономики, позволяющий задействовать не только весь комплекс рекреационных ресурсов, но и наиболее эффективным образом использовать совокупный производственный и социально-культурный потенциал территории при сохранении экологического и культурного разнообразия.

С экономической точки зрения привлекательность туризма как составной части услуг — в более быстрой окупаемости вложенных средств и получении дохода в свободно конвертируемой валюте. Туристский бизнес стимулирует развитие других отраслей хозяйства: строительства, торговли, сельского хозяйства, производства товаров народного потребления, связи и т. д.

Данный бизнес привлекает предпринимателей по многим причинам: небольшие стартовые инвестиции, растущий спрос на туристские услуги, высокий уровень рентабельности и минимальный срок окупаемости затрат. В туристской индустрии динамика роста объемов предоставляемых услуг приводит к увеличению числа рабочих мест намного быстрее, чем в других отраслях. Временной промежуток между ростом спроса на туристские услуги и появлением новых рабочих мест в туристском бизнесе минимальный.

Туризм помимо огромного экономического значения играет большую роль в расширении границ взаимопонимания и доверия между людьми разных религий и культур. Его деятельность не ограничивается только торговлей товарами и услугами и поиском новых торговых партнеров. Она направляется также на установление взаимоотношений между гражданами разных стран для сохранения и процветания мира.

Индустрия туризма представляется одной из сфер области, требующих эффективных инвестиционных вложений. Данная отрасль по своему потенциалу, несомненно, представляется одной из «точек роста» регионального развития. Представляется, что дальнейшее инвестирование сферы туризма необходимо проводить по следующим основным направлениям:

- инвестирование в инфраструктуру сферы, при этом не только в центре области г. Ростове-на-Дону;

- инвестиционная поддержка уникальных природных объектов области в том числе заповедников и национальных парков;

-инвестирование культурных объектов и памятников культурного наследия области;

- инвестирование в подготовку туристских кадров на базе Высшей школы (в частности, специальностей «Социально – культурный сервис и туризм» и «Туризм»).

При эффективных и рациональных инвестиционных вложениях по обозначенных направлениям, туристская сфера способна реализовать себя, как потенциальная «точка роста» регионального развития области.

1.4 Проблемы развития отдельных районов Ростовской области
(на примере Пролетарского района)

В последнее время особую актуальность приобретает проблема развития туризма в отдельных регионах страны. Каждый регион пытается выявить собственный туристский потенциал и разработать меры для наиболее эффективного его раскрытия. Во многих субъектах России приняты программы развития туризма на ближайшие годы, отражающие потенциальные направления развития туризма в соответствующих регионах и ожидаемые результаты.

Интересным представляется место сельских административных районов в системе въездного туризма области. Большинство подобных районов имеет проигрышную конкурентную позицию в сравнении с городами. Подобные территории отличает в первую очередь неразвитая или слаборазвитая сеть дорог, недостаточное количество средств размещение должного уровня или их отсутствие, а также отсутствие остальной туристской инфраструктуры.

Однако в тоже время сельские административные районы обладают определенным туристским потенциалом. Чтобы проанализировать подобный потенциал в качестве «ключевого» района нами был выбран Пролетарский район Ростовской области. Данный район представляется наиболее показательным, в отличие, например, от Шолоховского или Аксайского районов, где имеющийся культурно-исторический потенциал давно и успешно реализуется. Пролетарский же район находится на начальной стадии развития туризма и анализ имеющегося здесь туристского потенциала способен стать примером для других территорий подобного ранга.

Пролетарский район располагается на юго-востоке Ростовской области на правом берегу реки Маныч. Он находится на некотором отдалении от центра области – г. Ростова-на-Дону. Тем не менее, район можно считать потенциальным «полюсом роста» регионального туризма области. Говорить об этом позволяют несколько факторов.

Природный потенциал района не подвергается сомнению. Несмотря на некоторую засушливость климата, являющуюся следствием географического положения, Пролетарский район располагает несколькими уникальными природными объектами.

Прежде всего – это река Маныч с двумя водохранилищами – Пролетарским и Веселовским. На юго-востоке района Пролетарское водохранилище переходит в уникальное природное образование – озеро Маныч-Гудило.

В пределах Ростовской области общая площадь угодья составляет 134,3 тыс.га согласно постановлению Администрации Ростовской области от 09.10.2002 г. № 463. На территории угодья расположены государственный природный заповедник «Ростовский» общей площадью 9464,8 га и его охранная зона площадью 74,35 тыс. га. На территории заповедника обитают уникальные представители флоры и фауны. Также в Пролетарском районе имеется несколько объектов культурного наследия регионального значения. Это здание железнодорожной станции и железнодорожного вокзала г. Пролетарска, здание банка на ул.Первомайской, Флоролаврская церковь, братская могила воинов гражданской войны и Великой Отечественной войны, монумент в честь Первой Конной армии из бронзы, являющейся памятником Искусства и истории, а также братская могила на месте расстрела жителей ст. Платовской в годы Гражданской войны в станице Буденовская. Все эти объекты признаны памятниками культурной истории постановлением Администрации Ростовской области.

На основании проведенных исследований наиболее перспективными представляются следующие направления развития туризма в Пролетарском районе:

Пешеходный туризм – наилучший способ получить максимум впечатлений от общения с природой. Маршрут должен проходить по экотропам, что минимизирует вред, наносимый окружающей природной среде. Пешеходные маршруты могут проходить как по степной – равнинной местности, так и крутым берегам рек.

Велосипедные туристические маршруты с остановками на специально оборудованных площадках, на которых уже приготовлены пункты питания и отдыха туристов. Пролетарский район имеет условия для любителей велосипедных туристических маршрутов.

Конное путешествие – одна из самых экзотических форм туризма. Лошади, проходя по специально расположенным экотропам, не наносят вреда окружающей природе и доставляют туристам незабываемые впечатления. Развитию данного вида туризма способствует открытие в 2005 году в г. Пролетарске конной школы.

Сельский туризм (агротуризм) для многих туристов культурные ценности посещаемых территорий так же важны, как и природные богатства. Поэтому справедливо говорить о таком виде, как эколого-культурный туризм. Одним, из видов эколого-культурного туризма является агротуризм. Стоит отметить, что в ряде европейских стран агротуризм давно является одним из перспективных направлений для сельских территорий.

Пролетарский район вполне подходит для туристов предпочитающих отдыхать в сельских условиях.

Таким образом, можно отметить, что Пролетарский район вполне обладает туристским потенциалом, однако механизм реализации туристской политики не достаточно разработан в регионе. Поэтому необходимо провести:

- выработку концепции развития туризма;
- разработку целевых программ развития туризма;
- разработку конкретных мер для достижения поставленных целей;
- административное регулирование туристской деятельности.

Инвестиции в создание туристической инфраструктуры Пролетарского района позволят обеспечить поступление определенных средств в региональные и местные бюджеты. Развитие сферы обслуживания на базе туристических предложений области будет способствовать повышению занятости населения и развитию сопряженных отраслей (строительство, производство сувениров, сельское хозяйство и пищевая переработка).

Реализация предложенных мер должна способствовать развитию туризма как потенциальной «точки роста» Пролетарского района и г.Пролетарска, что в свою очередь должно положительным образом отразиться на социально-экономической ситуации в районе.

1.5 Потенциальные направления развития въездного и внутреннего туризма Ростовской области

Ростовская область обладает значительным туристским потенциалом. Большая площадь территории (в сравнении с другими субъектами Юга России) предопределяет дифференциацию туристских ресурсов на территории области и специализацию отдельных районов на тех или иных видах туризма.

Следует отметить, что программные мероприятия развития туризма на территории Ростовской области начали реализовываться только с 2008 года. За сравнительно короткий срок (5 лет) туриндустрия области достигла ощутимых результатов, о чем свидетельствуют численные и экономические показатели (таблица 1).

Таблица 1. – Некоторые показатели туристской отрасли Ростовской области

№/п	Наименование показателя	2011	2012	Темп роста,%
1.	Количество иностранных туристов (тыс. чел. за год)	36,4	44,3	121,7
2.	Внутренний туристский поток, в т.ч. самостоятельные туристы (тыс. чел.)	910,6	1 019,0	111,2
3.	Выезд жителей Ростовской области с туристскими целями за рубеж (тыс. чел.)	284,0	291,2	102,5
4.	Количество средств размещения (ед.)	419	419	100,0

Так, по численным показателям туристского рынка (2008-2012 гг.) на территории области количество турфирм увеличилось в 2 раза, составив 359 организаций; число средств размещения выросло на 20%, составив 419 предприятий гостиничного комплекса, способных обеспечить единовременный прием более 27 тысяч гостей [13].

Турпоток Ростовской области 2012 года оценивается на уровне более 1 млн. посещений, что на 10% больше по сравнению с предыдущим периодом. К

2020 году в регионе ожидает прирост туристов не менее 15% и увеличение объема платных туристических услуг и услуг средств размещения с 3,3 миллиарда рублей на 40 процентов

Как видно из таблицы № 1, заметно растет спрос на внутренние туристские услуги, что отражается на положительной динамике строительства малых средств размещения и на объемах инвестиционных предложений по гостиничному строительству [14].

По экономическим показателям 2012 года объем туристской добавленной стоимости вырос в 2,5 раза и составил 8 млрд. рублей; объем платных услуг субъектов туриндустрии увеличился на 22,2% и составил более 3,3 млрд. рублей; доля туриндустрии в ВРП области составляет 1,1 % (для сравнения, 5 лет назад она равнялась 0,7 %).

В соответствии с данными регионального экспериментального обследования, численность самостоятельных туристов на территории Нижнего и Верхнего Дона, Приазовья в 2012 году увеличилась более чем на 11,2 % по сравнению с 2011 годом и составила 239,1 тыс. человек. Это подтверждает туристскую привлекательность и перспективность развития этих территорий Ростовской области в пользу организации бюджетного семейного пляжного отдыха и событийного туризма.

Стабильный интерес к отдыху на Дону наблюдается у жителей Центрального (44,9%), Северо-Западного (13,9%), Приволжского (13,3%), Уральского (9,4%), Сибирского (6,0%) и Южного (5,8%, без учета жителей Ростовской области) федеральных округов в структуре турпотока.

Несмотря на то, что основу турпотока в Ростовской области (более 40% против общероссийских 20%) продолжают составлять туристы, приехавшие в регион с деловыми и профессиональными целями, стабильно увеличивается и доля туристов, посетивших область с целью отдыха и рекреации, – на 3,7% больше, чем в предыдущий период.

Тем не менее, при наблюдающейся положительной динамике развития туризма региона на территории области пакет предложений для въездных туристов не отличается разнообразием. Сравнительный анализ туристских продуктов регионов Южного федерального округа, проведенный Центром стратегических разработок «Северо-Запад» (г. Санкт-Петербург) и Национальным агентством прямых инвестиций (г. Москва) по заказу Администрации Ростовской области, показал, что в настоящее время преобладающим туристским продуктом Ростовской области является проведение событийных, конгрессных и выставочных мероприятий. Конгрессно-выставочный профиль региона подтверждается также инвестиционной активностью в этой сфере: сегодня реализуются проекты развития перспективных территорий, инвестиционные проекты строительства бизнес-центров, офисно-гостиничных комплексов и конгресс-отелей.

В свою очередь северо-запад (Шолоховский район) и юго-запад области (район Ростовской агломерации) являются местом формирования познавательных маршрутов, связанных со знаменитыми уроженцами Донского края, историческими достопримечательностями и традиционной для нижнего Дона культурой казачества. Именно развитие познавательного и рекреационного туризма, что в долгосрочной перспективе может придать уникальность уже имеющемуся деловому предложению и обеспечит комплексный туристский продукт области, который сможет стать конкурентоспособным на российском и международном рынках.

В своей статье 2012 года, один из авторов определял несколько перспективных видов развития туризма на территории области, в частности, экологический и сельский [4, с. 76].

Несмотря на значительную степень антропогенной деятельности, отдельные регионы Ростовской области благоприятствуют развитию экологического туризма. В первую очередь речь идет о северных и юго-восточных районах области. Здесь возможна разработка экологических маршрутов по территории заповедника «Ростовский», где сохраняются уникальные ландшафты, растительный и животный мир степной зоны. Заповедник расположен на юго-востоке области на территории площадью 9,5 тыс. га в пределах Орловского и Ремонтненского районов. Это – единственный заповедник, расположенный в степной зоне. Посещение заповедника возможно в рамках туров, охватывающих регионы, входящие в «Серебряную подкову Дона». Также возможно проведение экскурсионных выездов для деловых туристов, посещающих столицу области (правда, тут сдерживающим фактором может служить регулирование нагрузки на охранные территории, ограничивающее количество туристов в группе, посещающей подобные объекты, до 10-15 человек).

Уникальным разнообразием флоры и фауны отличается также областной природный парк «Донской». Он состоит из двух участков – «Дельта Дона» и «Островной». На территории парка обитает 1095 видов представителей фауны и произрастает 823 вида представителей флоры, что, в частности, превышает аналогичные показатели дельт Волги и Дуная по отдельности (367 и 353 вида соответственно) и лишь ненамного уступает суммарным показателям двух упомянутых рек [13].

На территории области расположен государственный заказник федерального значения «Цимлянский» Заказник включает элементы полупустыни, степи, лесостепи, леса и болотные участки.

Направление деятельности заказника – сохранение, воспроизводство и рациональная регуляция ценных представителей животного мира, естественной флоры и фауны, сохранение редких и исчезающих видов, содействие в проведении научно-исследовательских работ.

Посещение заповедника возможно в рамках туров, охватывающих регионы, входящие в «Серебряную подкову Дона». Также возможно проведение экскурсионных выездов для деловых туристов, посещающих столицу области.

Представляется обоснованной организация экологических туров выходного дня (2-3 суток). Организация подобных туров, предполагает соответствующее развитие туристкой инфраструктуры, принимающих районов (гостиниц, сети общественного питания и т.д.).

Усилить привлекательность региона и обеспечить туристские потоки может и развитие сельского туризма. Помимо урбанизированных районов юго-запада и запада, значительную площадь области занимают сельские районы. Особенно колоритными с точки зрения организации сельского туризма являются Шолоховский, Усть-Донецкий, Азовский и Аксайский районы области.

На территории Ростовской области проживают особый этнос в населении России – донские казаки. Поэтому было бы целесообразным сочетать в программах пребывания туристов в Ростовской области сельский и этнографический туризм, которые весьма популярны сейчас у потребителей турпродукта зарубежных туроператоров.

Более того, развитие сельского туризма позволит значительно пополнить бюджет области. Так, например, сельский туризм в европейских государствах обеспечивает доход, равный внутреннему валовому продукты такой страны, как Венгрия. Немцы являются самой путешествующей нацией в Европе, однако около 13% немецких туристов отдыхают в своей стране в сельской местности. Такие страны как Италию, Францию и Испанию ежегодно посещают несколько миллионов «зеленых» путешественников [1, с. 21]. Думается, что опыт развития сельского туризма в этих странах очень пригодился бы и нашей области, обладающей большим потенциалом для его развития.

В последние годы интерес к сельскому туризму области повышается (в частности проектируется и внедряется строительство этнографической деревни на юго-востоке области). Тем не менее, пока развитие данного вида экотуризма носит очаговый характер. Развитие и расширение ареала развития сельского и этнографического туризма будет способствовать не только формированию устойчивых потоков внутреннего и въездного туризма, но и формировать образ Ростовской области как региона благоприятного для туризма.

Дополнительным компонентом программ приема туристов в сельских поселениях могут стать мероприятия событийного туризма.

Одним из перспективных объектов реализации программ развития сельского туризма в сочетании с этнографическим и событийным является хутор Погорелов Белокалитвинского района, в который может быть проложен новый туристский маршрут «Игорево Поле».

С 2002 года здесь проходит фестиваль «Каяльские чтения на Дону и реке Калитве», посвященный выдающемуся произведению древнерусской литературы «Слово о полку Игореве», слет-смотр патриотических объединений «Подъем», посвященный Куликовской битве и показательные выступления военно-исторических клубов, фестиваль «Колокольный перезвон» и другие мероприятия.

На благо развития сельского и этнографического туризма работают и интересные событийные мероприятия, проводимые при поддержке Администрации Ростовской области и администраций муниципальных образований (Всероссийский литературно-фольклорный праздник «Шолоховская весна» (станица Вешенская Шолоховского района), Областной этнографический фестиваль «Донская лоза» (хутор Пухляковский Усть-Донецкого района), фольклорно-театрализованное представление «Праздник донской ухи» (хутор Курганы Азовского района).

Одновременно, дополнительный толчок развитию въездного туризма Ростовской области могут дать относительно новые, не являющиеся «визитной карточкой» региона виды.

Одним из таких перспективных видов представляется лечебно-оздоровительный туризм. Ростовская область никогда не ассоциировалась с подобным направлением, тем не менее, ресурсы для его развития довольно благоприятные. В частности, в качестве подобного ресурса может рассматриваться озеро Пелёнкино Азовского района области. Довольно необычное название озеро получило стандартным образом от фамилии донского помещика Якова Пелёнкина, еще несколько веков назад открывшего его для земляков (при этом, как часто бывает в подобных случаях, открытие произошло случайно).

Вскоре выяснились и лечебные свойства озера, являющиеся следствием наличия сероводородных грязей. Подобные грязи традиционно используются при лечении самых разных заболеваний (болезней суставов, связок, мышц, нервной системы и т.д.)

Интересно, что район озера активно развивался как курортная зона еще в начале 20 века (на данной территории работала грязелечебница «Соленое озеро»). Однако большую часть 20-го и 21 века озеро служит местом притяжения большей частью местных неорганизованных туристов. Причиной сложившейся негативной ситуации стоит признать слабое развитие туристской инфраструктуры (практически ее отсутствие) и недостаточное внимание, уделяемое данной территории при разработке программ развития туризма области.

При этом заинтересованность в развитии представленного направления у туроператоров области имеется. Проект создания курортно-оздоровительной зоны вокруг озера, разработанный под руководством одного из авторов статьи студентами Донского государственного технического университета, занял первое место среди представленных студенческих турпроектов на молодежном фестивале «ДонТурФест», проведенном в рамках выставки «Тихий Дон. Индустрия Гостеприимства» – 2013», и получил рекомендации к внедрению от представителей донских специалистов в области туризма.

Проект зоны включает в себя нее только лечебно-оздоровительный комплекс, способный одновременно принять 500 человек, с сопутствующими помещениями (тренажерный зал, парикмахерскую, бильярдный зал, конференц-зал), но и спортивную площадку (площадку для командных игр, а также теннисный корт), автостоянку, детскую игровую комнату и кафе и концертную площадку. Подобная туристко-рекреационная зона сделает отдых приезжих туристов по-настоящему комплексным и удовлетворит потребности различных сегментов туристов.

Для полноценной реализации обозначенных видов туризма представляется необходимым реестр туристских ресурсов области с последующим их анализом и оформлением в Кадастр туристских ресурсов Ростовской области. Каждый административный район области (или несколько территориально близких районов со сходными природными, социально-экономическими и культурно-историческими характеристиками) может рассматриваться как отдельная территориально-рекреационная система локального уровня.

Процедура комплексной инвентаризации туристских ресурсов региона позволит сгладить диспропорцию развития туризма области (включая проекты развития отдельных регионов, видов туризма и связанной с ними инфраструктуры), как в территориальном, так и в структурном (по видам туризма) аспектах. При этом важно инвентаризировать не только количество имеющихся туристских объектов, но и дать оценку их состоянию (к сожалению, ряд значимых объектов туристской инфраструктуры области находятся либо в неудовлетворительном состоянии, либо используются не по назначению). В результате возможно территориальное расширение туристских маршрутов по территории области. В том числе и с охватом центральных и восточных ее регионов, в настоящее время должного внимания со стороны региональных туристских операторов (исключение составляет юго-восток области, благодаря описанным выше уникальным природным ресурсам заповедника «Ростовский»).

Внедрение комплексных туров, предлагающих разнообразный туристский продукт, способно привлечь туристов, посещающих область с самыми различными целями. Поэтому можно сказать, что разработка выделенных направлений въездного туризма может дать дополнительный толчок развитию въездного туризма в Ростовской области. В свою очередь увеличение въездных туристов благодаря мультипликативному эффекту способно стать одной из «точек роста» экономики региона.

1.6 Активизация потенциальных направлений развития туризма Ростовской области как фактор устойчивого развития туризма региона

Понятие «устойчивое развитие туризма» стало употребляться в научной сфере несколько десятилетий назад. Своими корнями оно уходит в другое понятие, получившее распространение во второй половине прошлого века, когда на волне научного интереса к вопросам сохранения устойчивости биосистемы в эпоху глобализации и эскалации антропогенной нагрузки на окружающую среду появилось словосочетание «устойчивое развитие».

В научную среду термин «устойчивое развитие» вошел после конференции ООН по окружающей среде и развитию, проведенной в Рио-де-Жанейро в 1992 году. Именно там был провозглашен принцип устойчивого развития при осуществлении которого социально-экономическое мировое развитие должно соответствовать потребностям всех жителей планеты в удовлетворении своих насущных нужд, не подвергая риску будущие поколения [2].

А.Д. Урсул и А.Л. Романович в своих трудах приводят своеобразное интегральное определения понятия «устойчивое развитие». По мнению указанных авторов «Устойчивое развитие – это стабильное социально-экономическое развитие, не разрушающее своей природной основы и обеспечивающее непрерывный прогресс общества» [10].

Со временем понятие «устойчивое развитие» расширило границы своего применения, выйдя за рамки экологических проблем. В настоящее время данное понятие употребляется в экономике, социальной, политической, культурной и других сферах.

Туристская сфера в своем развитии неотделима от остальных сфер жизнедеятельности человека. Ее непосредственная связь с экономической, экологической, политической, социальной и другими сферами не подлежит сомнению. Соответственно, законы развития данных сфер влияют и на развитие туристкой отрасли.

Понятие «устойчивое развитие туризма» в настоящее время рассматриваются ЮНВТО как «управление всеми видами ресурсов. Обеспечивающее удовлетворение экономических, социальных и эстетических потребностей при сохранении культурной целостности, основных экологических процессов, биологического разнообразия и систем жизнеобеспечения» [2].

В целом, устойчивое развитие туризма региона можно рассматривать и в территориальном аспекте. При данном рассмотрении следует говорить о максимально возможной реализации туристского потенциала всех районов территории, что позволит территориально сбалансировать развитие въездного и внутреннего туризма.

Поскольку Ростовская область является приграничным регионом, то находится под непосредственным влиянием всех текущих и потенциальным изменений региональной геополитической ситуации. Одновременно подобное географическое положение способно сделать область одним из центов притяжения въездного туризма Южного федерального округа.

В последние годы на территории Ростовской области наблюдается положительная динамика развития туризма. Так, по численным показателям туристского рынка (2008-2012 гг.) на территории области количество турфирм увеличилось в 2 раза, составив 359 организаций; число средств размещения выросло на 20%, составив 419 предприятий гостиничного комплекса, способных обеспечить единовременный прием более 27 тысяч гостей [3].

Турпоток Ростовской области 2012 года оценивается на уровне более 1 млн. посещений, что на 10% больше по сравнению с предыдущим периодом. К 2020 году в регионе ожидает прирост туристов не менее 15% и увеличение объема платных туристических услуг и услуг средств размещения с 3,3 миллиарда рублей на 40 процентов

Однако, в настоящее время основная часть туристской инфраструктуры области сосредоточена на юго-западе, где располагаются крупнейшие города области, в том числе и административный центр – город Ростов-на-Дону.

Данный регион является в первую очередь центром делового туризма. В результате преобладающим туристским продуктом Ростовской области является проведение событийных, конгрессных и выставочных мероприятий. Конгрессно-выставочный профиль региона подтверждается также инвестиционной активностью в этой сфере: сегодня реализуются проекты развития перспективных территорий, инвестиционные проекты строительства бизнес-центров, офисно-гостиничных комплексов и конгресс-отелей.

В свою очередь северо-запад (Шолоховский район) и юго-запад области (район Ростовской агломерации) являются местом формирования познавательных маршрутов, связанных со знаменитыми уроженцами Донского края, историческими достопримечательностями и традиционной для нижнего Дона культурой казачества. Именно развитие познавательного и рекреационного туризма, что в долгосрочной перспективе может придать уникальность уже имеющемуся деловому предложению и обеспечит комплексный туристский продукт области, который сможет стать конкурентоспособным на российском и международном рынках.

В то же время, для придания сбалансированности развитию отдельных видов туризма (способных разнообразить региональный туристский продукт) и территорий представляется возможным развитие дополнительных направлений въездного туризма.

Несмотря на значительную степень антропогенной деятельности, отдельные регионы Ростовской области благоприятствуют развитию экологического туризма. В первую очередь речь идет о северных и юго-восточных районах области. Здесь возможна разработка экологических маршрутов по территории заповедника «Ростовский», где сохраняются уникальные ландшафты, растительный и животный мир степной зоны. Заповедник расположен на юго-востоке области на территории площадью 9,5 тыс. га в пределах Орловского и Ремонтненского районов. Это – единственный заповедник, расположенный в степной зоне. Посещение заповедника возможно в рамках туров, охватывающих регионы, входящие в «Серебряную подкову

Дона». Также возможно проведение экскурсионных выездов для деловых туристов, посещающих столицу области (правда, тут сдерживающим фактором может служить регулирование нагрузки на охранные территории, ограничивающее количество туристов в группе, посещающей подобные объекты, до 10-15 человек).

Уникальным разнообразием флоры и фауны отличается также областной природный парк «Донской». Он состоит из двух участков – «Дельта Дона» и «Островной». На территории парка обитает 1095 видов представителей фауны и произрастает 823 вида представителей флоры, что, в частности, превышает аналогичные показатели дельт Волги и Дуная по отдельности (367 и 353 вида соответственно) и лишь ненамного уступает суммарным показателям двух упомянутых рек [13].

Посещение данных территорий возможно в рамках туров, охватывающих регионы, входящие в «Серебряную подкову Дона». Также возможно проведение экскурсионных выездов для деловых туристов, посещающих столицу области.

Представляется обоснованной организация экологических туров выходного дня (2-3 суток). Организация подобных туров, предполагает соответствующее развитие туристкой инфраструктуры, принимающих районов (гостиниц, сети общественного питания и т.д.).

Усилить привлекательность региона и обеспечить туристские потоки может и развитие сельского туризма. Помимо урбанизированных районов юго-запада и запада, значительную площадь области занимают сельские районы. Особенно колоритными с точки зрения организации сельского туризма являются Шолоховский, Усть-Донецкий, Азовский и Аксайский районы области.

На территории Ростовской области проживают представители особого этноса в населении России – донские казаки. Поэтому было бы целесообразным сочетать в программах пребывания туристов в Ростовской области сельский и этнографический туризм, которые весьма популярны сейчас у потребителей турпродукта зарубежных туроператоров.

Развитие туризма в Ростовской области должно соответствовать общим критериям устойчивого развития. Развитие туризма в регионе должно быть рациональным и сохранять ресурсы не только для нынешних, но и для будущих поколений.

В целом, территориальная дифференциация развития туризма районов Ростовской области должна положительным образом отразиться на трех составляющих устойчивого развития – экологическом, социальном и экономическом. Реализация экологических маршрутов способна дать толчок сохранению природы региона (в частности, уникальных донских степей, сохранившихся в нераспаханной части области). В то же время развития туризма в отдельных районах области способно улучшить экономическую и социальную атмосферу данных регионов (снижение уровня безработицы посредством увеличения рабочих мест в индустрии туризма, приток финансовых средств в бюджет районов и т.д.) и стать эффективной «точкой роста» их развития.

Глава 2. Педагогические аспекты туристского образования

2.1 Роль географических дисциплин в специальности СКСТ

При подготовке специалистов в области Социально-культурного сервиса и туризма несомненно значительную роль играют географические дисциплины. Географический императив особенно высок в сфере туризма, поскольку специалистам данной отрасли регулярно приходится решать задачи, требующие географической подготовки.

Современный отечественный теоретик географии В.П. Максаковский выделил основные компоненты так называемой «географической культуры». По его мнению, туда входят:

1) географическая картина мира;

2) географическое мышление;

3) методы географии;

4) язык географии [7].

Все вышеперечисленные компоненты должны последовательно формироваться у учащихся за пятилетний период обучения. В итоге выпускники специальности СКСТ должны владеть всем необходимым терминологическим аппаратом, уметь пространственно мыслить (владеть географическим мышлением) и применять полученные знания на практике.

На социально-гуманитарном факультете Ростовской Академии Сервиса ЮРГУЭС, где ведется подготовка специалистов в области СКСТ, преподавателями кафедры «Туризм и индустрия гостеприимства» преподается ряд географических дисциплин, способствующих формированию географического мышления у студентов.

В первую очередь к подобным дисциплинам относится «Общая география». Данная дисциплина преподается у студентов первого курса ив течение двух семестров. В рамках данной дисциплины в первую очередь проводится инвентаризация географических знаний, полученных студентами в рамках школьной программы, дается общие представления о географической картине мира, принципах организации пространства, формировании различных территориальных образований. Данная дисциплина удачно разбита по семестрам на физико-географический и экономико-географический блоки, что позволяет дать наиболее полное адекватное представление о современной географической картине мира.

Одной из важнейших географических дисциплин в данной специальности представляется «География туризма РФ и СНГ». Данная дисциплина преподается во втором семестре на 1-м курсе и закладывает необходимый фундамент пространственного подхода к развитию туризма. Во время занятий по «Географии туризма РФ и СНГ» студенты постигают закономерности и принципы выделения туристских центров, а также овладевают методикой характеристики туристских зон. Знание основных вопросов данной дисциплины необходимо в свете постоянного изменения роли отдельных туристских регионов в современном мире и формирования новых центров туризма. Именно здесь наблюдается наиболее характерное применение географических методов к исследованию туристских процессов.

Основные задачи «Географии туризма РФ и СНГ» в специальности СКСТ были выделены в статье Ю.А. Худеньких и включали в себя:

а) знакомство с основными концепциями и понятиями теории географии туризма;

б) овладение умением выявлять и описывать туристский потенциал, а также определять конкурентные преимущества территории, с учетом природно – географических особенностей, исторического развития, современных общественных потребностей, ресурсной базы, инфраструктурной обеспеченности, государственного регулирования;

в) создание устойчивых ментальных образов туристских районов России;

г) выявление специфики технологической и территориальной организации наиболее значимых видов туризма [11].

Еще одна дисциплина, которая активно использует географические методы и пространственный подход к изучению объектов это «Рекреационное ресурсоведение». «Географичность» данной дисциплины не вызывает сомнений. Для полного анализа имеющихся туристских ресурсов и их использования необходимо обладать знанием законов развития территориальных систем. В рамках данной дисциплины студенты получают навыки рекреационной оценки ландшафтов, изучают принципы рекреационного освоения природного и исторического наследия, исследуют имеющуюся туристскую инфраструктуру и рекреационную сеть, поскольку помимо природных ресурсов важной составной частью рекреационных ресурсов являются люди, которые работают в сфере туризма или могут принять участие в организации и обслуживании рекреационной деятельности. Также одной из важнейших задач рекреационного ресурсоведения является выявление, оценка и характеристика условий эксплуатации и охрана рекреационных ресурсов.

Одной из важный дисциплин исследуемого направления представляется «Регионоведение». Регионоведение в настоящее время является очень актуальной дисциплиной. В последние годы в отечественной и зарубежной географии наблюдается тенденция к регионализации исследований. Данный процесс сопровождается повышенным вниманием к объектам мезоуровня к которым относятся и регионы.

В связи с этим представляется необходимым наличие адекватного представления о разных странах и регионах и основных аспектах их развития: экономическом, социальном, демографическом, этническом и др.

Одной из основных задач регионоведения является формирования навыков исследования различных регионов, вне зависимости от принципов их выделения (физико – географический, экономический, экологический, геополитический, этнический и т.д.). Соответственно, в рамках данной дисциплины широко применяются методы различных наук.

Еще одной дисциплиной географического характера, преподаваемой у студентов СКСТ является «Страноведение». В данной дисциплине рассматривается очень широкий спектр вопросов. В частности, происходит интеграция физико-географических, эколого-географических и общественно-географических знаний о странах и народах мира, о природе и ресурсах отдельных регионов, об экологии, экономике, политике, народонаселении, современной культуре и истории развития регионов мира и государств. Грамотная профессиональная организация международного туризма и разработка новых туристских продуктов требует очень серьезной страноведческой подготовки. В рамках страноведения общие представления о географической картине мира, заложенные в рамках общей географии окончательно детализируются и переходят на уровень отдельных государств и регионов. В этом плане страноведение очень сходно с регионоведением, однако основное отличие заключается в том, что в страноведении приоритет отдается объектам мезоуровня, в то время как под понятие регион попадает разноуровневые объекты.

Проведенный обзорный анализ географических дисциплин, которые преподаются на социально – гуманитарном факультете РАС ЮРГУЭС позволяет сделать вывод о том, что в процессе обучения студенты в целом получают представления о современной географической картине мира, о регионах мира и овладевают методикой географических исследований. Тем не менее, представляется необходимым углубить некоторые направления географического образования в связи с требования современного общества. Здесь можно вести речь о двух основных направлениях.

Первое – это «Экономическая география России». Дисциплина, присутствующая в учебных планах основных специальностей механико – технологического и финансово – экономического факультета отсутствует на социально – экономическом факультете. Тем не менее современный специалист в области туризма любого иерархического уровня не может обойтись без представления об основных принципах функционирования пространственных социально – экономических систем. В центре внимания экономической и социальной географии находятся территориальные системы производительных сил: процессы их формирования, функционирования и управления. Данные вопросы особенно актуальны, поскольку в России на всех этапах экономического и социального развития одной из актуальных проблем неизменно оказывалась рациональная территориальная организация производительных сил. Обоснование рациональной территориальной организации производительных сил возможно только при совместном участии многих наук, видное место среди них занимает экономическая и социальная география.

Современная Россия регулярно выдвигает новые экономические императивы, адекватный ответ которым является одним из условий успешной деятельности туристских функционеров.

Еще одно важное направление представляет «География Ростовской области». Вопросы, связанные с особенностями пространственного развития нашего края рассматриваются в рамках других дисциплин в соответствии с задачами, решаемыми этими дисциплинами. Тем не менее, представляется необходимым целенаправленное изучение географии ростовской области, ее физико – географических, экономико – географических, геополитических и экологических аспектов ее развития. В свете разработки администрацией Ростовской области программ развития туризма в области и г.Ростове-на-Дону до 2010 года изучение туристского потенциала региона сильно актуализируется и требует всестороннего знания географии региона.

В последнее время на кафедре «Туризм и индустрии гостеприимства» увеличивается количество дипломов, темой которых являются те или иные аспекты развития туризма в Ростовской области, что лишний раз подчеркивает актуальность краеведческого направления в общем образовании специалистов СКСТ.

Такими представляются перспективные направления преподавания географических дисциплин в специальности СКСТ.

2.2 Проблемы формирования профессиональных умений и навыков в рамках производственной практики у бакалавров направления подготовки «Туризм»

Вопросы, связанные с получением практических умений и навыков всегда ключевые в любой образовательной сфере. Однако сфера туризма в данном аспекте выделяется особо, поскольку в данной индустрии в силу ее специфики практические навыки являются незаменимыми для успешного ведения соответствующей деятельности и получения дохода.

Проблемы организации практик у студентов туристских направлений изучались рядом отечественных специалистов [9,12]. В частности, З.В. Макаренко отмечает, что практика «...задает нормы и указывает границы изучения материала, помогает обеспечить усвоение определенных элементов содержания непрерывного туристского образования и гарантирует достижение результатов, выраженных в целях обучения» [6, с. 135]. Кроме этого практика позволяет смоделировать реальную рабочую ситуацию и определить потенциальные пути ее развития и продемонстрировать весь спектр решения возможных проблемных задач.

В этой связи представляется особо интересным посмотреть на организацию производственной практики глазами центральных фигур учебного процесса – студентов. Ведь студенты приходят в высшее учебное заведение с определенными целями, профессиональными мечтами и ожиданиями, которые впоследствии реализуются в различной степени. И одну из ключевых ролей в доле реализации целей будущих специалистов играет процесс их знакомства с реальной работой предприятия выбранной сферы и впечатления, полученные в процессе производственной практики.

Согласно государственному стандарту область профессиональной деятельности бакалавров включает разработку и реализацию туристского продукта, обладающего качествами, удовлетворяющими требования потребителей, организацию комплексного туристского обслуживания в основных секторах туристской индустрии [15, с 2].

Авторы статьи разработали опросные листы для студентов направления подготовки 100400 «Туризм» очной формы обучения с вопросами, касающимися процесса организации производственной практики. При этом были разработаны два варианта опросных листов для студентов младших и старших курсов. Подобное разделение представляется необходимым для анализа ожиданий студентов от практики и реального опыта. Некоторые вопросы повторялись, для возможности анализа динамики мнений, некоторые вопросы для каждого сегмента студентов являлись уникальными и имели целью отразить специфику данных групп. Опрос был проведен авторами стать среди студентов Южного Федерального Университета и Донского Государственного Технического Университета.

Проанализируем результаты опроса студентов 1-2 курсов (таблица 1).

Из ответов на вопрос «По какой причине вы поступили учиться на специальность «Туризм»?» видно, что большинство студентов связывают туристскую отрасль в первую очередь с личными путешествиями. Так как вопросы туристской индустрии не являются частью школьной программы, то студентам сложно представить реальные направления ее деятельности. Многие представляют работу в области туризма как постоянные путешествия и возможность объездить весь мир и иногда разочаровываются в отрасли, когда сталкиваются с ее рутинной работой.

Интересно, что больше студентов хочет открыть свое туристское предприятие, чем работать на другого человека. Думается, это в первую очередь объясняется юношеским максимализмом и амбициями. Еще Н.Е. Кондратенко в своей статье отмечала, что у студентов представление о туристской профессии очень идеализированное [12]. Результаты проведенных опросов подтверждают данный факт.

Таблица 2 – Результаты опроса студентов 1-2 курсов.

№ п/п	Вопросы	Доля вариантов ответа (в порядке убывания)
1	По какой причине вы поступили учиться на специальность «Туризм»?	Нравится путешествовать – 47,4 % Хочу открыть туристскую компанию – 28,1 % Хочу работать в туристской компании – 15,8% Свой вариант ответа – 8,7 %
2	Что вас привлекает в работе в туристской сфере?	Возможность посетить многие страны и регионы – 86,4 % Возможность общаться с людьми – 10,2 % Высокие доходы – 1,6 % Другое – 1,6 % Работа в данной сфере меня не привлекает -0 %
3	На каких курсах на ваш взгляд студенты должны проходить практику непосредственно на предприятиях туристской сферы?	2-4 – 55,0 % 1-4 – 31,4 % 3-4 – 11,8 % Только 4 – 1,8 %
4	Какова на ваш взгляд должна быть среднегодовая продолжительность практики на туристских предприятиях?	15-21 день – 38,5 % 22-30 дней – 25,0 % 8-14 дней – 23,1 % Более месяца – 7,6 % 1-7 дней – 5,8 %
5	Какова, на ваш взгляд, должна быть доля знаний и умений, сформированных в рамках практики на туристских предприятиях по отношению ко всем знаниям и умениям, полученным в процессе обучения?	60-80% - 41,2 % 40-60% - 21,6 % 80-100% - 19,6 % 20-40%; - 13,7 % 0-20% - 3,9 %
6	Планируете ли вы работать в период обучения?	Планирую по специальности – 57,7 % Планирую, но не знаю в какой сфере -28,8 % Планирую не по специальности – 7,7 % Не планирую - 5,8 %

Среди своих вариантов ответа на первый вопрос были предложены варианты «открыть гостиничный комплекс», «продолжить образование по специальности», «возможность получить высшее образование», «не поступил на юрфак». Последние два ответа свидетельствуют о том, что некоторые студенты (в первую очередь, потенциальные бюджетники)   рассматривают направление подготовки «Туризм» как своеобразный «запасной аэродром» при непоступлении на более престижные факультеты.

Показательны и ответы на второй вопрос опросного листа «Что вас привлекает в работе в туристской сфере?». Подавляющее большинство студентов выбрали вариант «Возможность посетить многие страны и регионы» - 86,4 %. Подобные ответы пересекаются с ответами на первый вопрос и в очередной раз показывают, что абитуриенты и студенты младших курсов рассматривают сферу туризма в первую очередь как возможность попутешествовать. Значительно меньшее количество студентов рассматривает сферу туризма как возможность активных коммуникационных взаимодействий и особо интересно, что совсем незначительное количество опрошенных рассматривает сферу туризма как возможность существенного заработка. В качестве дополнительного варианта ответа студентами был предложен вариант «изучение иностранных языков».

Большинство студентов считают, что производственная практика должна охватывать 2-4м курсы, то есть сопровождать практически весь период обучения, кроме начального. Преобладающая желаемая среднегодовая продолжительность периода производственной практики – 15-21 день, при этом более 7 % опрошенных посчитали оптимальной продолжительность практики более месяца.

Любопытны результаты ответов на вопрос «Какова, на ваш взгляд, должна быть доля знаний и умений, сформированных в рамках практики на туристских предприятиях по отношению ко всем знаниям и умениям, полученным в процессе обучения?». Почти 20% опрошенных посчитали, что доля знаний и умений, сформированных в период производственной практики должна превышать 80 %, а более 60% студентов полагают, что подобная доля должна превышать 60 %.

При анализе ответа на последний вопрос анкеты для студентов 1-2 курса «Планируете ли вы работать в период обучения?» стоит отметить, что работать в процессе обучения планируют 94,2 % опрошенных студентов. При этом 57,7 % надеются устроиться на работу в сферу туризма.

Вопросы анкеты для студентов 3-4 курса должны были отразить динамику представлений учащихся о производственной практике и ее составляющих. Поэтому ряд вопросов в ней аналогичен вопросам первой анкеты. В то же время был внесен ряд дополнительных вопросов, связанных с прохождением практики, для получения наиболее объективного мнения.

Далее проанализируем полученные ответы (таблица 2). На вопрос «Изменилось ли ваше мнение о работе в туризме за период обучения?» почти 80% опрошенных ответили положительно, что свидетельствует об обозначенных выше расхождениях между представлениями о туристской профессии при поступлении в вуз и сформировавшихся в процессе теоретического и практического знакомства со сферой туризма.

В реальности индустрия туризма предстает перед ее работниками сферой услуг по продаже туристского продукта, а рядовой работник туристской сферы нехотя становится в большей степени менеджером по продажам. Данный факт надо учитывать при формировании профессиональных умений, навыков и менталитета будущего профессионала туристской сферы.

На вопрос «Что вас привлекает в работе в туристской сфере?» по-прежнему самым популярным является ответ «Возможность посетить многие страны и регионы». Правда доля ответивших подобным образом снизилась почти на 20%, что свидетельствует о том, что по мере обучения студенты находят дополнительные преимущества в туристской отрасли. В то же время обращает на себя внимание традиционно низкий процент студентов, рассматривающих туризм как сферу больших доходов и то, что почти 6 % опрошенных не привлекает работа в данной сфере.

Таблица 3 – Результаты опроса студентов 3-4 курсов.

№ п/п	Вопросы	Доля вариантов ответа (в порядке убывания)
1	Изменилось ли ваше мнение о работе в туризме за период обучения?	Да, незначительно - 47,1 % Да, очень существенно - 32,1% Нет, все оказалось, как я и представлял(а) - 20,8 %
2	Что вас привлекает в работе в туристской сфере?	Возможность посетить многие страны и регионы – 64,3 % Возможность общаться с людьми – 25,7 % Работа в данной сфере меня не привлекает – 5,7 % Высокие доходы – 1,6 % Другое – 1,6 %
3	На каких курсах на ваш взгляд студенты должны проходить практику непосредственно на предприятиях туристской сферы?	2-4- 49,2 % 3-4 - 30,5 % 1-4 - 18,6 % только 4 - 1,6 %
4	Достаточной ли на ваш взгляд была продолжительность практики на туристских предприятиях?	Да, достаточной - 50,9 % Нет, продолжительность была недостаточной - 30,2 % Нет, продолжительность была чрезмерной - 3,8 % Не могу оценить - 15,1 %
4	Какова на ваш взгляд должна быть среднегодовая продолжительность практики на туристских предприятиях?	22-30 дней - 35,8 % Более месяца - 32,1 % 15-21 день - 20,8 % 8-14 дней - 9,4 % 1-7 дней - 1,9 %
5	Какова, на ваш взгляд, должна быть доля знаний и умений, сформированных в рамках практики на туристских предприятиях по отношению ко всем знаниям и умениям, полученным в процессе обучения?	40-60% - 42,3 % 20-40%; - 25,0 % 60-80% - 23,1 % 0-20% - 5,8 % 80-100% - 3,8 %
6	Работали ли вы где-нибудь в период обучения?	Не работал - 45,5 % Работал по специальности - 30.2 % Работал не по специальности - 24,5 %
7	Если вы работали по специальности, пригодились ли вам знания, полученные в период обучения	Что-то пригодилось, но пришлось многому учиться - 40,0 % Да, пригодились - 28,6 % Не пригодились - 20,0 % Пригодились в основном знания и умения, полученные во время практик на турпредприятиях -11,4 %

В ответах на вопрос «На каких курсах на ваш взгляд студенты должны проходить практику непосредственно на предприятиях туристской сферы?»

акцент сместился в сторону старших курсов, хотя тут тоже лидирует ответ 2-4. Возможно, это можно объяснить опытом студентов старших курсов, показавших, что для продуктивной работы на предприятии туристской сферы необходимо достаточное количество знаний и умений, формируемых во второй половине обучения.

Любопытно проанализировать ответы на следующий вопрос «Достаточной ли на ваш взгляд была продолжительность практики на туристских предприятиях?». Лишь немногим более половины опрошенных студентов посчитали продолжительность практики достаточной (производственная практика у студентов направления подготовки 100400 «Туризм» проводится на 2 и 3 курсах и длится каждый раз по три недели). Почти каждый третий студент посчитал продолжительность производственной практики недостаточной.

С ответами на предыдущий вопрос вполне коррелируют и ответы на следующий «Какова на ваш взгляд должна быть среднегодовая продолжительность практики на туристских предприятиях?». Заметно, что в сравнении с ответами на аналогичный вопрос студентов младших курсов, линия ответов сместилась в сторону более продолжительных периодов. Очевидно, что будущие специалисты в области туризма желают более активно практиковаться в выбранной сфере в процессе обучения.

В то же время при ответах на вопрос «Какова, на ваш взгляд, должна быть доля знаний и умений, сформированных в рамках практики на туристских предприятиях по отношению ко всем знаниям и умениям, полученным в процессе обучения?» наблюдается сдвиг ответов в сторону уменьшения доли практических занятий. Однозначно сложно вычленить причину подобной динамики без дополнительных исследований. Основными вариантами представляются либо недостаточная доля умений и навыков, полученных в процессе производственной практики, либо осознание важности теоретических знаний получаемых в аудиториях университета, в том числе по дисциплинам профессионального цикла. Скорее всего, обозначенные факторы влияют совокупно.

Заключительные два вопроса должны были выявить профессиональный опыт и востребованность студентов в процессе обучения. Как можно увидеть, в отличие от желаний, высказываемых на младших курсах, почти половина студентов не имеет опыт какой-либо профессиональной деятельности в период учебы. Одновременно более половины студентов признают, что одних знаний полученных в процессе обучения недостаточно для успешной работы в сфере туризма.

В целом, можно отметить осознание студентами не только роли производственной практики в общем процессе обучения, но и тот факт, что в реальности они не всегда получают от нее максимально возможное. К сожалению, руководители туристских предприятий не всегда сразу погружают студентов в профессиональную деятельность, используя их на первых порах (а иногда и весь период практики) в качестве курьеров либо помощников в какой-либо рутинной работе. Подобную ситуацию непросто исправить, поскольку работникам туристских предприятий важен в первую очередь положительный результат работы, которую, естественно, не всегда можно доверить неопытным студентам. А время на обучения практиканта в процессе производственной практики не всегда уделяется (поскольку производственная практика приходится на пик летнего сезона, данный факт не удивителен, в данный период у работников турпредприятий очень высокая занятость).

В данной ситуации представляется необходимым уделять повышенное внимание моделированию практических ситуаций в рамках аудиторных занятий. Особенно важно моделирование реализации турпродукта, в первую очередь технологии общения с клиентом. .Подобный подход возможен и необходим в рамках ряда дисциплин профессионального цикла. Это позволит студентом получить первичные навыки профессиональной деятельности, увидеть «внутреннюю кухню» туристкой сферы, и подойти к производственной практике с максимально возможной степенью готовности.

Библиографический список

1.	Григоренко, Т.Н. Проблемы развития агротуризма в России Григоренко Т.Н. // Социально-экономические и технико-технологические проблемы развития сферы услуг: сборник научных трудов. Вып. 9. Ч. 1. Социально-экономические и общегуманитарные проблемы развития сферы услуг. Т. 3. Проблемы становления цивилизованного сервиса и туризма в России. Ростов-на-Дону: РИО РТИСТ ФГБОУ ВПО ЮРГУЭС, 2010. – С. 20-25. (4,1.5)

2.	Гуляев В.Г., Селиванов И.А. Туризм: экономика, управление, устойчивое развитие. – М.: Советский Спорт, 2008, – 280 с. (1.6,1)

3.	Котлярова, О. В. Выездные практические занятия как средство мотивации познавательной деятельности // Реализация основных направлений модернизации профессиональной подготовки специалистов туриндустрии: сб. науч. тр. – Челябинск: ФГОУ ВПО УралГУФК, 2007. – С. 59-62.

4.	Макаренко, В.С. Приоритетные аспекты развития въездного туризма в Ростовской области / В.С. Макаренко // Социально-экономические и технико-технологические проблемы развития сферы услуг: сборник научных трудов. Вып. 11. Ч. 1. Социально-экономические и общегуманитарные проблемы развития сферы услуг. Т. 3. Проблемы становления цивилизованного сервиса и туризма в России. Ростов-на-Дону: РИО РТИСТ ФГБОУ ВПО ЮРГУЭС, 2012. – С. 76-78. (2,1.5)

5.	Макаренко В.С. Проблемы развития отдельных районов Ростовской области//РТИСТ филиал ГОУ ВПО «ЮРГУЭС». Сборник научных трудов. Социально-экономические и технико-технологические проблемы развития сферы услуг. Вып.9. Часть 1.Том 3. Ростов-н/Д:РТИСТ ЮРГУЭС, 2010. С.57-59 (1,1.2)

6.	Макаренко З.В. Формирование профессиональных компетенций у студентов направлений «туризм» и «гостиничное дело» при модульном построении практического обучения // Туризм и рекреация: фундаментальные и прикладные исследования: Труды VI Международной научно-практической конференции, Балтийская академия туризма и предпринимательства, Санкт-Петербург, 27-28 апреля 2011. – СПб.:Д.А.Р.К., 2011. – С. 134-139.

7. Максаковский В.П. Географическая культура. М.: Владос, 1998.

8. Областная целевая программа «Развитие туризма в Ростовской области на 2008 - 2010 годы». Администрация Ростовской области. Ростов н/Д, 2007. (1,1.1)

9. Сеселкин А.И. Диверсификация профессионального туристского образования: монография. М.: Советский Спорт, 2005. – 240 с.

10. Урсул А.Д., Романович А.Л. Концепция устойчивого развития и проблема безопасности // Философия науки. – Новосибирск: Институт философии и права СО РАН, 2001. – №3 (11). – С.83-105. (1.6, 2)

11. Худеньких, Ю.А. Учебный курс «География туризма в подготовке специалистов туристской сферы/Ю.А. Худеньких // 7-я Международная научно-практическая конференция «Туризм: подготовка кадров, проблемы и перспективы развития». – М.:ИТ и Г, филиал МГУ сервиса, 2005. – с. 188-194

Электронные ресурсы

12. Кондратенко Н.В. Особенности профессиональной деятельности бакалавра туризма // Современные научные исследования и инновации. – Ноябрь 2012. - № 11 [Электронный ресурс]. URL: http://web.snauka.ru/issues/2012/11/18794 (дата обращения: 02.04.2014).

13. Официальный портал Правительства Ростовской области. Программы [Электронный ресурс]. – URL: http://www.donland.ru (дата обращения 20.01.14).

14. Об утверждении государственной программы Ростовской области «Развитие культуры и туризма» [Электронный ресурс]. – URL: dontourism.ru/Fu.ashx?id=31 (дата обращения 10.12.13).

15. Федеральный государственный образовательный стандарт высшего профессионального образования по направлению подготовки 100400 Туризм (квалификация (степень) "бакалавр"). URL: http://www.edu.ru/db-mon/mo/Data/d_09/prm489-1.pdf (дата обращения: 02.04.14)